U0162732

海上絲綢之路基本文獻叢書

熬波圖

〔元〕陳椿 撰

文物出版社

圖書在版編目（CIP）數據

熬波圖 / （元）陳椿撰． -- 北京 ： 文物出版社，
2022.7
（海上絲綢之路基本文獻叢書）
ISBN 978-7-5010-7626-0

Ⅰ．①熬… Ⅱ．①陳… Ⅲ．①制鹽－中國－古代－圖集 Ⅳ．①TS3-092

中國版本圖書館 CIP 數據核字 (2022) 第 086576 號

海上絲綢之路基本文獻叢書

熬波圖

撰　　者：〔元〕陳椿
策　　劃：盛世博閲（北京）文化有限責任公司

封面設計：鞏榮彪
責任編輯：劉永海
責任印製：王　芳

出版發行：文物出版社
社　　址：北京市東城區東直門内北小街 2 號樓
郵　　編：100007
網　　址：http://www.wenwu.com
經　　銷：新華書店
印　　刷：北京旺都印務有限公司
開　　本：787mm×1092mm　1/16
印　　張：13.5
版　　次：2022 年 7 月第 1 版
印　　次：2022 年 7 月第 1 次印刷
書　　號：ISBN 978-7-5010-7626-0
定　　價：98.00 圓

總緒

海上絲綢之路，一般意義上是指從秦漢至鴉片戰争前中國與世界進行政治、經濟、文化交流的海上通道，主要分爲經由黄海、東海的海路最終抵達日本列島及朝鮮半島的東海航綫和以徐聞、合浦、廣州、泉州爲起點通往東南亞及印度洋地區的南海航綫。

在中國古代文獻中，最早、最詳細記載『海上絲綢之路』航綫的是東漢班固的《漢書·地理志》，詳細記載了西漢黄門譯長率領應募者入海『齎黄金雜繒而往』之事，書中所出現的地理記載與東南亞地區相關，并與實際的地理狀況基本相符。

東漢後，中國進入魏晉南北朝長達三百多年的分裂割據時期，絲路上的交往也走向低谷。這一時期的絲路交往，以法顯的西行最爲著名。法顯作爲從陸路西行到印度，再由海路回國的第一人，根據親身經歷所寫的《佛國記》（又稱《法顯傳》）一書，詳細介紹了古代中亞和印度、巴基斯坦、斯里蘭卡等地的歷史及風土人情，是瞭解和研究海陸絲綢之路的珍貴歷史資料。

隨着隋唐的統一，中國經濟重心的南移，中國與西方交通以海路爲主，海上絲綢之路進入大發展時期。廣州成爲唐朝最大的海外貿易中心，朝廷設立市舶司，專門管理海外貿易。唐代著名的地理學家賈耽（七三〇～八〇五年）的《皇華四達記》記載了從廣州通往阿拉伯地區的海上交通『廣州通夷道』，詳述了從廣州港出發，經越南、馬來半島、蘇門答臘半島至印度、錫蘭，直至波斯灣沿岸各國的航綫及沿途地區的方位、名稱、島礁、山川、民俗等。譯經大師義净西行求法，將沿途見聞寫成著作《大唐西域求法高僧傳》，詳細記載了海上絲綢之路的發展變化，是我們瞭解絲綢之路不可多得的第一手資料。

宋代的造船技術和航海技術顯著提高，指南針廣泛應用於航海，中國商船的遠航能力大大提升。北宋徐兢的《宣和奉使高麗圖經》詳細記述了船舶製造、海洋地理和往來航綫，是研究宋代海外交通史、中朝友好關係史、中朝經濟文化交流史的重要文獻。南宋趙汝適《諸蕃志》記載，南海有五十三個國家和地區與南宋通商貿易，形成了通往日本、高麗、東南亞、印度、波斯、阿拉伯等地的『海上絲綢之路』。宋代爲了加强商貿往來，於北宋神宗元豐三年（一〇八〇年）頒佈了中國歷史上第一部海洋貿易管理條例《廣州市舶條法》，并稱爲宋代貿易管理的制度範本。

元朝在經濟上採用重商主義政策，鼓勵海外貿易，中國與歐洲的聯繫與交往非常頻繁，其中馬可•波羅、伊本•白圖泰等歐洲旅行家來到中國，留下了大量的旅行記，記録元代海上絲綢之路的盛况。元代的汪大淵兩次出海，撰寫出《島夷志略》一書，記録了二百多個國名和地名，其中不少首次見於中國著録，涉及的地理範圍東至菲律賓群島，西至非洲。這些都反映了元朝時中西經濟文化交流的豐富内容。

明、清政府先後多次實施海禁政策，海上絲綢之路的貿易逐漸衰落。但是從明永樂三年至明宣德八年的二十八年裏，鄭和率船隊七下西洋，先後到達的國家多達三十多個，在進行經貿交流的同時，也極大地促進了中外文化的交流，這些都詳見於《西洋蕃國志》《星槎勝覽》《瀛涯勝覽》等典籍中。

關於海上絲綢之路的文獻記述，除上述官員、學者、求法或傳教高僧以及旅行者的著作外，自《漢書》之後，歷代正史大都列有《地理志》《四夷傳》《西域傳》《外國傳》《蠻夷傳》《屬國傳》等篇章，加上唐宋以來衆多的典制類文獻、地方史志文獻，集中反映了歷代王朝對於周邊部族、政權以及西方世界的認識，都是關於海上絲綢之路的原始史料性文獻。

海上絲綢之路概念的形成，經歷了一個演變的過程。十九世紀七十年代德國地理學家費迪南·馮·李希霍芬（Ferdinad Von Richthofen，一八三三～一九〇五），在其《中國：親身旅行和研究成果》第三卷中首次把輸出中國絲綢的東西陸路稱爲『絲綢之路』。有『歐洲漢學泰斗』之稱的法國漢學家沙畹（Édouard Chavannes，一八六五～一九一八），在其一九〇三年著作的《西突厥史料》中提出『絲路有海陸兩道』，蘊涵了海上絲綢之路最初提法。迄今發現最早正式提出『海上絲綢之路』一詞的是日本考古學家三杉隆敏，他在一九六七年出版《中國瓷器之旅：探索海上的絲綢之路》中首次使用『海上絲綢之路』一詞；一九七九年三杉隆敏又出版了《海上絲綢之路》一書，其立意和出發點局限在東西方之間的陶瓷貿易與交流史。

二十世紀八十年代以來，在海外交通史研究中，『海上絲綢之路』一詞逐漸成爲中外學術界廣泛接受的概念。根據姚楠等人研究，饒宗頤先生是華人中最早提出『海上絲綢之路』的人，他的《海道之絲路與昆侖舶》正式提出『海上絲路』的稱謂。選堂先生評價海上絲綢之路是外交、貿易和文化交流作用的通道。此後，大陸學者馮蔚然在一九七八年編寫的《航運史話》中，使用『海上絲綢之路』一詞，這是迄今學界查到的中國大陸最早使用『海上絲綢之路』的人，更多地限於航海活動領域的考察。一九八〇年北京大學陳炎教授提出『海上絲綢之路』研究，并於一九八一年發表《略論海上絲綢之路》一文。他對海上絲綢之路的理解超越以往，且帶有濃厚的愛國主義思想。陳炎教授之後，從事研究海上絲綢之路的學者越來越多，尤其沿海港口城市向聯合國申請海上絲綢之路非物質文化遺産活動，將海上絲綢之路研究推向新高潮。另外，國家把建設『絲綢之路經濟帶』和『二十一世紀海上絲綢之路』作爲對外發展方針，將這一學術課題提升爲國家願景的高度，使海上絲綢之路形成超越學術進入政經層面的熱潮。

與海上絲綢之路學的萬千氣象相對應，海上絲綢之路文獻的整理工作仍顯滯後，遠遠跟不上突飛猛進的研究進展。二〇一八年厦門大學、中山大學等單位聯合發起『海上絲綢之路文獻集成』專案，尚在醖釀當中。我們不揣淺陋，深入調查，廣泛搜集，將有關海上絲綢之路的原始史料文獻和研究文獻，分爲風俗物産、雜史筆記、海防海事、典章檔案等六個類别，彙編成《海上絲綢之路歷史文化叢書》，於二〇二〇年影印出版。此輯面市以來，深受各大圖書館及相關研究者好評。爲讓更多的讀者親近古籍文獻，我們遴選出前編中的菁華，彙編成《海上絲綢之路基本文獻叢書》，以單行本影印出版，以饗讀者，以期爲讀者展現出一幅幅中外經濟文化交流的精美畫卷，爲海上絲綢之路的研究提供歷史借鑒，爲『二十一世紀海上絲綢之路』倡議構想的實踐做好歷史的詮釋和注脚，從而達到『以史爲鑒』『古爲今用』的目的。

凡例

一、本編注重史料的珍稀性，從《海上絲綢之路歷史文化叢書》中遴選出菁華，擬出版百册單行本。

二、本編所選之文獻，其編纂的年代下限至一九四九年。

三、本編排序無嚴格定式，所選之文獻篇幅以二百餘頁爲宜，以便讀者閱讀使用。

四、本編所選文獻，每種前皆注明版本、著者。

五、本編文獻皆爲影印，原始文本掃描之後經過修復處理，仍存原式，少數文獻由於原始底本欠佳，略有模糊之處，不影響閱讀使用。

六、本編原始底本非一時一地之出版物，原書裝幀、開本多有不同，本書彙編之後，統一爲十六開右翻本。

目録

熬波圖

熬波圖

二卷

〔元〕陳椿　撰

清抄本

原序

浙之西華亭東百里實為下砂濵大海枕黃浦距大塘襟帶吳松楊子二江直走東南皆斥鹵之地煮海作鹽其來尚矣宋建炎中始立鹽監地有瞿氏唐氏之祖為監場為提幹者至元丙子又為土著相副管勾官皆無其任者也提幹諱守仁號樂山弟守義號鶴山詩禮傳家襟懷慷慨二公行義表表可儀而鶴山尤為温克端有古人風度輔聖朝開海道策上勳膺宣命授忠顯校

尉海道運糧千户深知煮海淵源風土異同法度終始命工繪為長卷名曰熬波圖將使後人知煎鹽之法工役之勞而垂於無窮也惜乎辭世之急僕曩吏下砂場鹽司暇日訪其子諱天禧號敬齋於衆綠園堂出示其父所圖草卷披覽之餘瞭然在目如示諸掌嗚呼信知仁民之心如是其大乎抑嘗觀淮甸陳華通州鬻海錄恨其未詳僅載西亭豐利金沙餘慶石堰五場安置處所捎灰刺溜澳滷試蓮煎鹽採薪之大畧耳今觀斯圖

真可謂得其情備而詳矣然而浙東竹盤之殊改法立倉之異猶未及焉敬齋慨然屬椿而言曰成先君之功者子也子其為我全其帙而成其美云椿辭不獲已敬為略者詳之闕者補之圖幾成而敬齋不世至順庚午始得大備行鋟諸梓垂於不朽上以美鶴山存心之仁用功之勤下以表敬齋繼志之勇托付之得人也有意於愛民者將有感於斯圖必能出長策以甦民力於國家之治政未必無小補云時元統甲戌三月上巳天台

越洋圖說

後學陳椿志

熬波圖

元陳椿撰椿天台人始末未詳此書乃元統中椿為下砂場鹽司因前提幹舊圖而補成者也自各團竈座至起運散鹽為圖四十有七圖各有說後繫以詩凡晒灰打滷之方運薪試運之細纖悉畢具亦樓璹耕織圖曾之謹農器譜之流亞也序言地有瞿氏唐氏為鹽場提幹又稱提幹諱守仁而佚其姓考雲間舊志瞿氏實下砂望族如瞿霆發

瞿震發瞿雷發瞿時學瞿時懋瞿時佐瞿先知輩
或為提舉或為監税錢于世任監官其地有瞿家
港瞿家路瞿家園諸名皆其舊迹然作是圖者不
知為誰至唐氏則舊志不載無可考見矣諸圖繪
畫頗工永樂大典所載已經傳摹尚存矩度惟原
闕五圖世無別本不可復補姚廣孝等編輯之時
雖校勘粗疎不應漏落至此盖原本已佚脱也

熬波圖説

熬波圖卷上

熬波圖

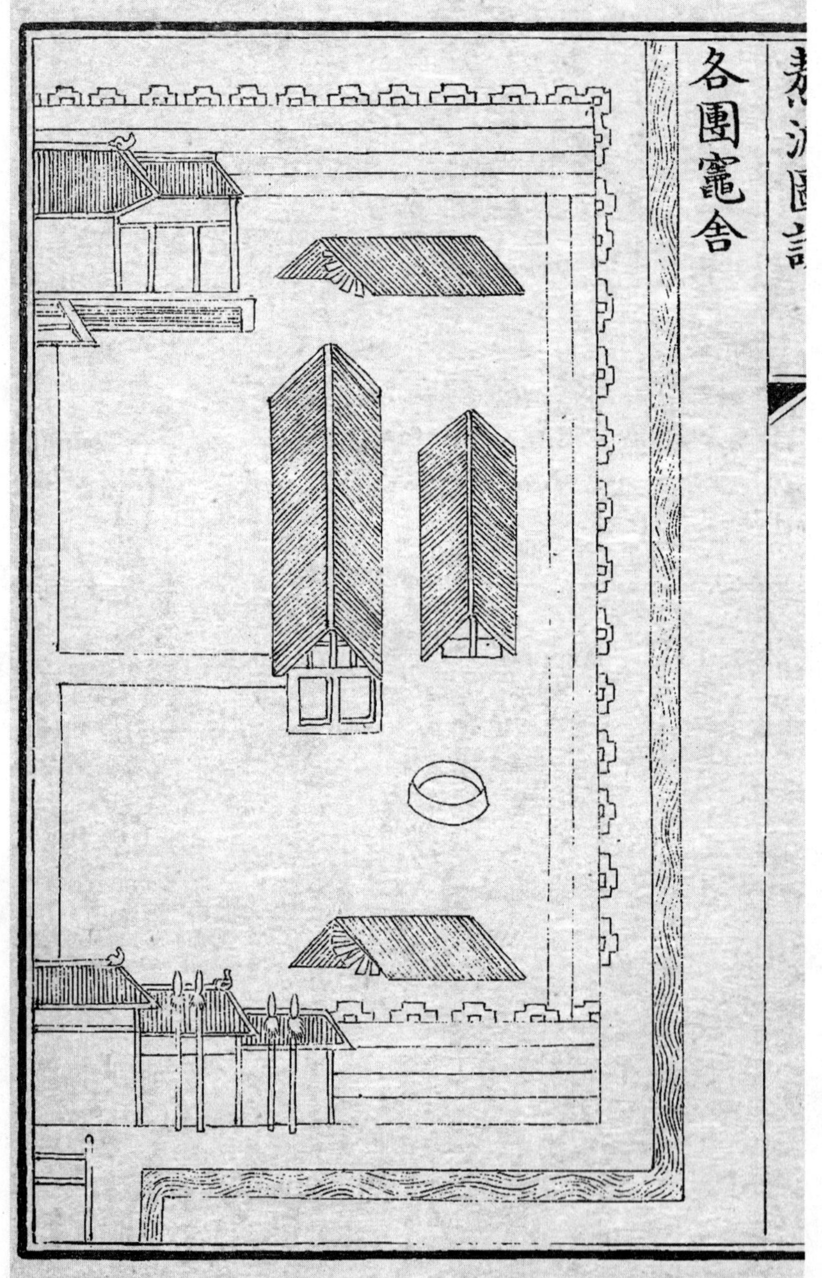
各團竈舍

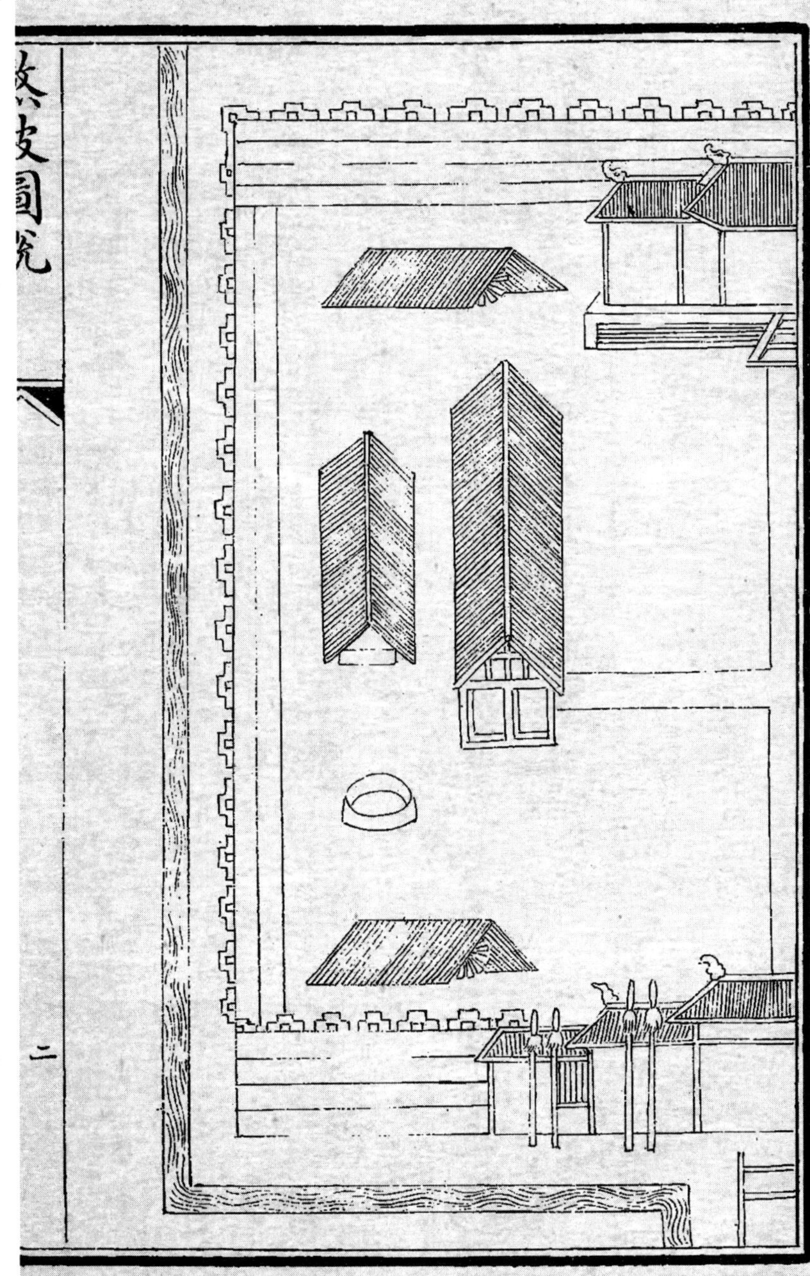
熬波圖說
二

各團竈舍　歸併竈座建團立盤或三竈合一團
或兩竈為一團四向築疊圍墻外向遠匝濠壍團
内築鑿池井盛貯滷水盖造鹽倉柈屋置關立鎖
復撥官軍守把巡警

東海有大利斯民不敢爭並海立官舍兵衛森軍營私
鬻官有禁私鬻官有刑團廳嚴且肅立法無弊生

築壘圍墻

四

築壘圍墻　團圍四向墻堵上置乳頭彷彿城池以絶姦僞或遇坍摧隨時築壘其土皆用蕩内生田土塹蓋傍海不時風潮大作非堅實不足以禦之

立團定界址分團圍短墻壘土為之限開溝為之防版築已完固厥土燥且剛團門慎出入北軍守其旁

起盖蠶舍

熬波圖說
六

熬波圖說

起盖竈舍　既立團列竈自春至冬照依三則火伏煎燒晨夕不住必須於柈上盖造舍屋以庇風雨雇募人夫工匠塡築基址令高收買木植鐵丁等物料屋在壯而不在麗故簷楹垂地梁柱椽桷俱用巨木縛蘆為稕鋪其上以茅苫盖後築短墻圍裹内設出生灰之處前向容著竈丁執爨煎鹽夏月多起東南風故其屋俱朝東南風順可燒火竈丁則免煙薰火炙之患

築團未脫手枠舍又興工運茆上高屋畚泥矮墻東所
喜手脚健敢言腰背慵何以門東南盖以朝其風

園内便倉

八

團內便倉　各團所辦鹽額多寡不同多者萬引少者不下五七千引每日煎到火伏鹽數為因相離總倉近則往回八七十里遠者往回二百餘里或河道闕水或值聚雨所阻豈能繼即起運各竈户自備木植磚瓦鐵丁石灰工食等項物料就團內起蓋倉房或五間或七間以便收貯公私皆便故以便倉名之

便倉以便民規模在經始地土既高燥水港亦通濟磚

壁連屋山瓦溝建瓴水衆竈各設倉公利私亦利

裹築灰淋

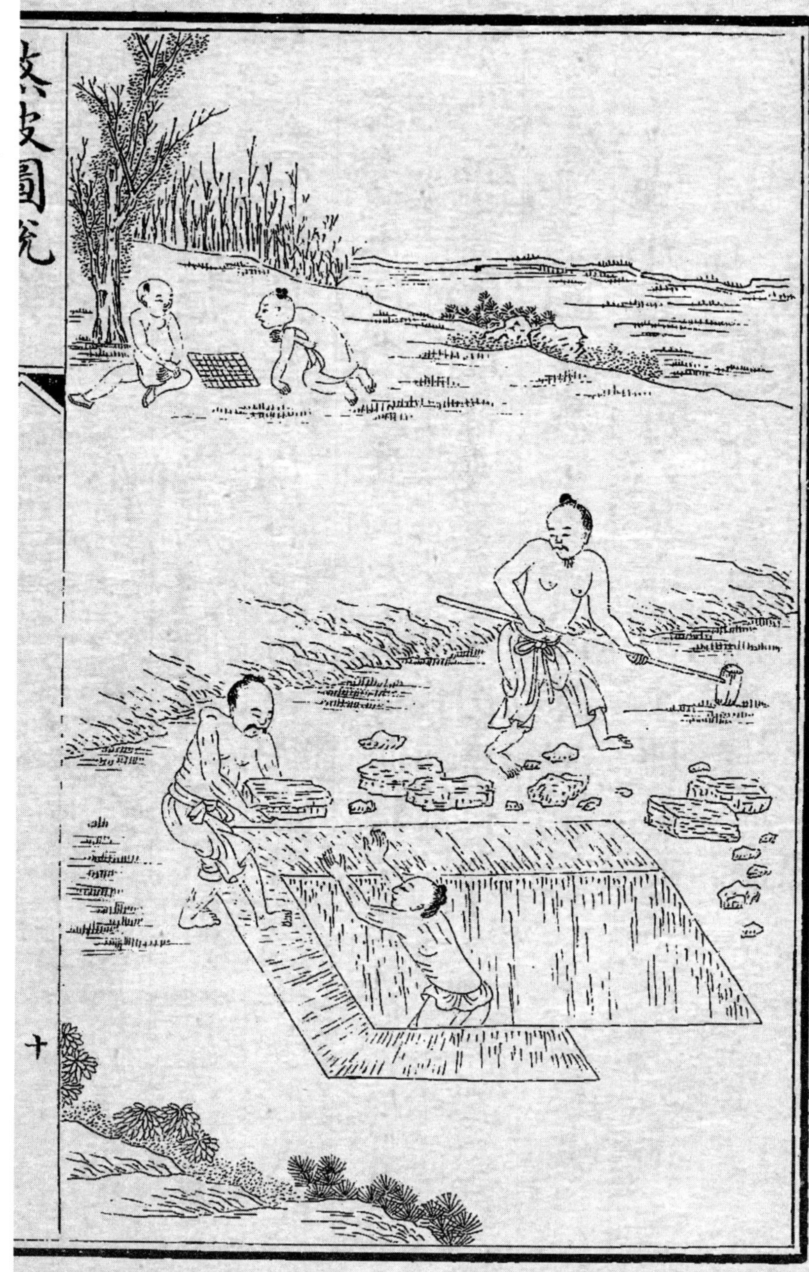
十

裹築灰淋　灰淋一名灰墥其法於攤場邊近高阜處掘四方土窟一個深二尺許廣五六尺先用牛於濕草地内踏煉筋韌熟泥用鐵鏵鍬掘成四方土塊名曰生田人夫搬擔逐塊排砌淋底築踏平實四圍亦壘築如墻用木槌草索鞭打無縫務要繞圍及底下堅實以防泄漏仍於灰淋側掘一滷井深廣可六尺亦用土塊築壘如灰淋法埋一小竹管於灰淋底下與井相通使流滷入井内

百煉無生泥萬杵皆實地池井既堅牢裹築又完備作
勞口舌乾鹹水覺有味早知作農夫豈不太容易

築疊池井

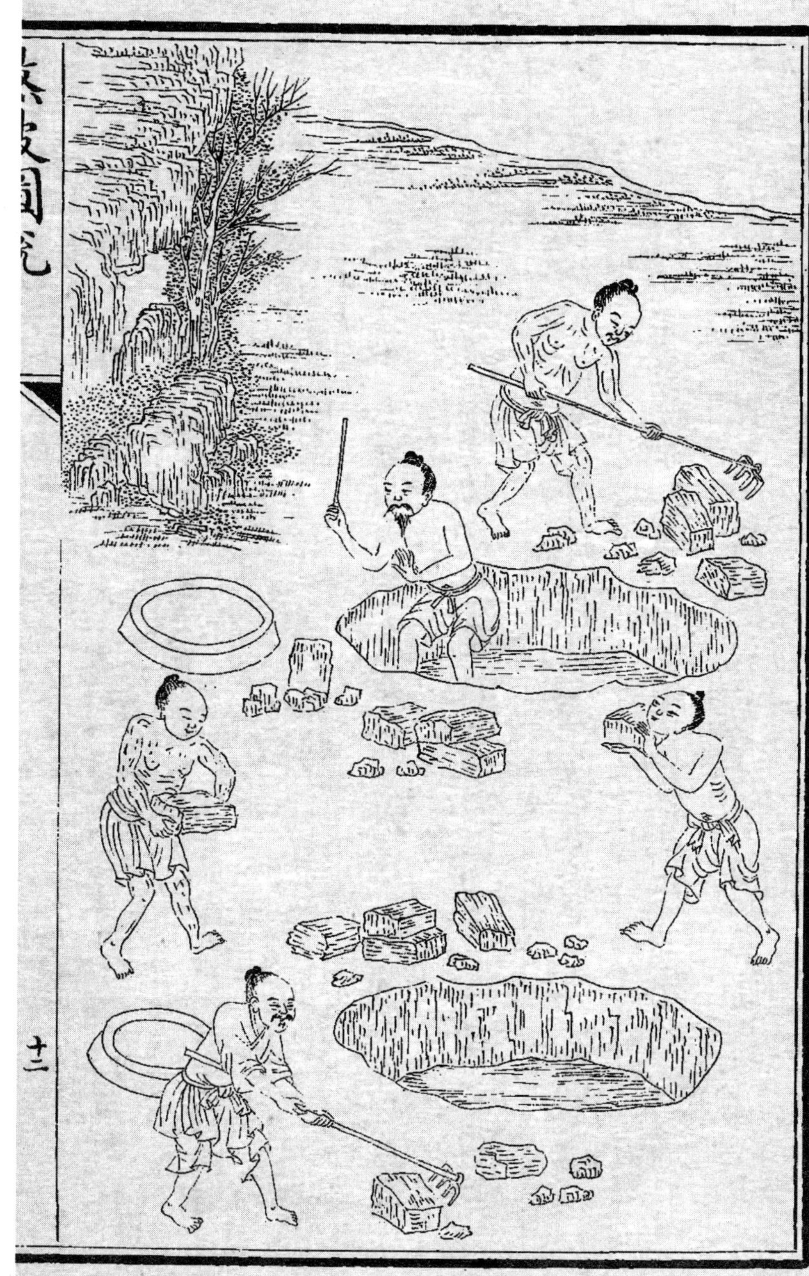
十二

築疊池井　灰塲上及團內築疊成滷池井方長者為池如甎樸掘深八九尺濶六七尺長丈餘井則圓井之名有二大者為井小者為缸頭大可廣六尺小廣三尺深若池之數天晴則用水澆濕草地將牛踏煉筋靭熟泥用鐵鍬掘成四方土塊方厚尺許逐塊搬擔排砌築壘池底井四向墻壁將木槌草索鞭打遶圍上下泥縫堅實不致滲漏井亦如之池與缸頭下底埋竹管相通用滷則缸頭

内浣𦉰上柈

鑿井以瀦滷井欲實且堅又恐風雨至煉泥包四邊小

塊少者抱大塊壯者肩臨歸鞭又鞭恐爲螻蛄穿

蓋池井屋原圖闕

熬波圖說

十四

盖池井屋　池井築疊既完又忌雨損故於上造房屋以覆之收買竹為桷椽木為梁柱織蘆為笆束茆為苫工食之費時時修葺以防雨漏若入生水浸淡又須再别淋過然後可以煎鹽

穿鑿池井完上盖數椽屋老婦挽茅柴壯丁擔竹木簷楹苫著地難用擎天柱固非人所居但防天雨雨

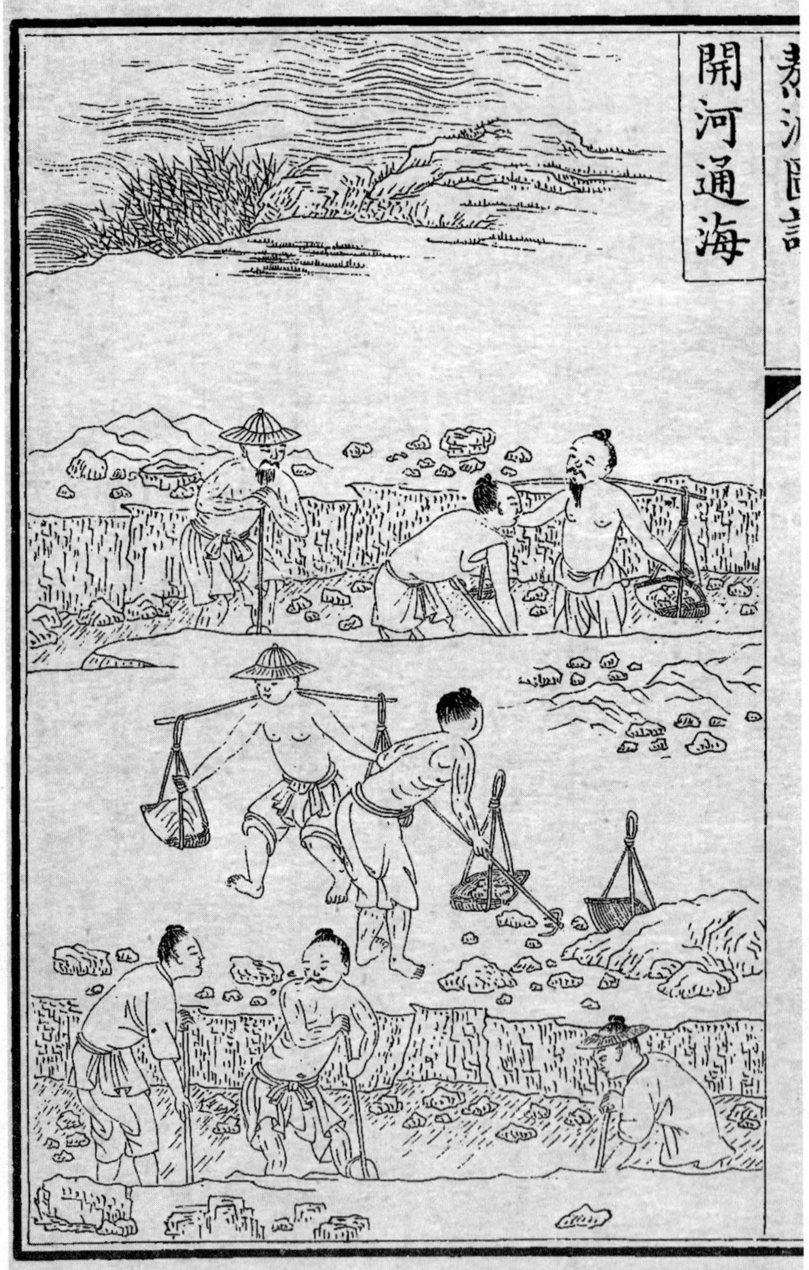
開河通海

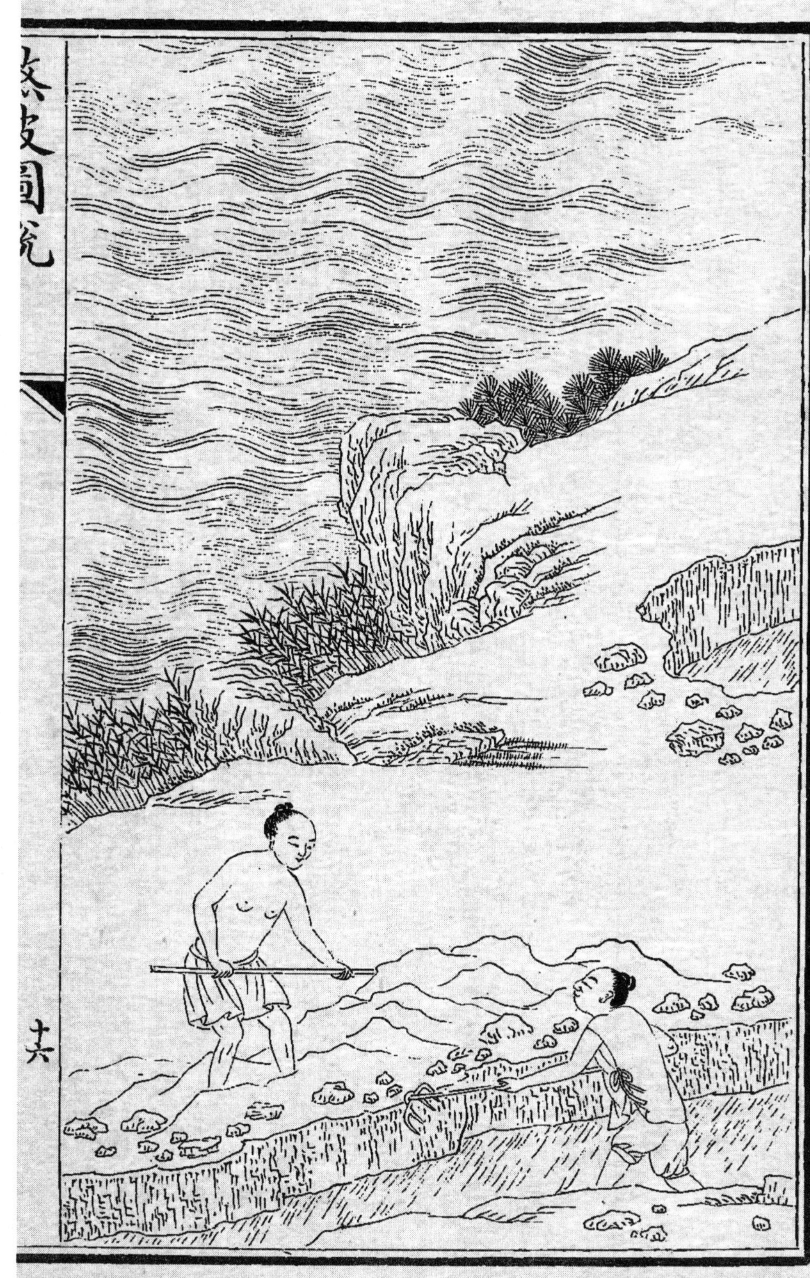
熬波圖說
十六

熬波圖詠

開河通海　晒灰煎鹽灌潑攤場通舡運滷全賴海水每團各竈須開通海河道港口作壩令開月河候取遠汛以接海潮每為沙泥壅漲淤塞每歲亦須頻頻撈洗以深之

平地海可通要非一日勞成雲舉萬鍤落地連千鍬水性元潤下滿溝來滔滔海水無盡時要在人煎熬

熬波圖說

十七

壩堰蓄水

熬波圖説

十八

壩堰蓄水　辦鹽全賴海潮雖是各竈開挑通海河港必於港口築捺垻堰辦工具僱募人夫看守每遇大汛人夫俱於海邊港口風雨不移徹夜守候潮開則開月河通放候河滿仍舊運土堅捺蓄水以備朝暮灌潑晒灰潮溝則淤沒攤場水少則妨悞攤晒

今晨海多風潮水來浩瀚未作西頭垻先捺東頭堰蓄水不患多將以備烹煉復防有泛溢適中乃為善

表瀛圖説

就海引潮

熬波圖說

二十

熬波圖詠

就海引潮　攤場周圍雖有蓄水河溝每日澆潑灰淋滷漸見淺涸六七月久晴分外用水浩大海潮雖遇大汎亦不入港必須雇夫將帶工具就海開河引潮入港用車戽接

人言隻手河可塞我見衆力海可通東南財賦大淵藪
貨財所殖源無窮海波萬頃取無禁千夫奔鍤來如風
須臾引海出平地非人之力天之功

築護海岸

波圖説
二十二

築護海岸　每歲七八月間多起大東北風海潮甚大慮恐湧漲渰沒灰塲時急不能乾有妨攤晒才被渰浸縱晴亦不下六七日不能施功每每多雇人夫高築堤岸以防不測潮汛長落又恐海濤衝激損壞時常巡視有損即補疊以護之

去海無十里水可狎而玩曾聞十年前沸騰無畔岸所以預隄防不獨為水患煮海且富國民力惜有限

車接海潮

波圖說

熬波圖詠

車接海潮　五六七八月間天道久晴正當酷熱之時雖大汎潮不抵岸溝港乾涸闕水晒灰只得雇倩人夫將帶工具就海三五里開河多用水車逐級接高車戽醎潮入港所以備竈丁掉水灌潑攤場淋灰取滷

翻翻聯聯犖犖确确東海巨蛇才脫殼滔滔車腹水逆行輥輥車聲雷大作能消幾部旱龍骨翻得陽侯波欲涸誰家少婦急工程徑上車頭泥兩脚

熱河圖說

疏浚潮溝原圖闕

熬波圖說
二十六

疏浚潮溝　圍竈通潮河港因渾潮上落沙泥淤
塞不時雇工開浚

潮來溝水滿潮落三寸泥十日泥三尺溝與兩岸無高
低長柄杴桶短柄鍬開深八尺過人頭但得朝朝水滿
溝一生甘作泥中鱉

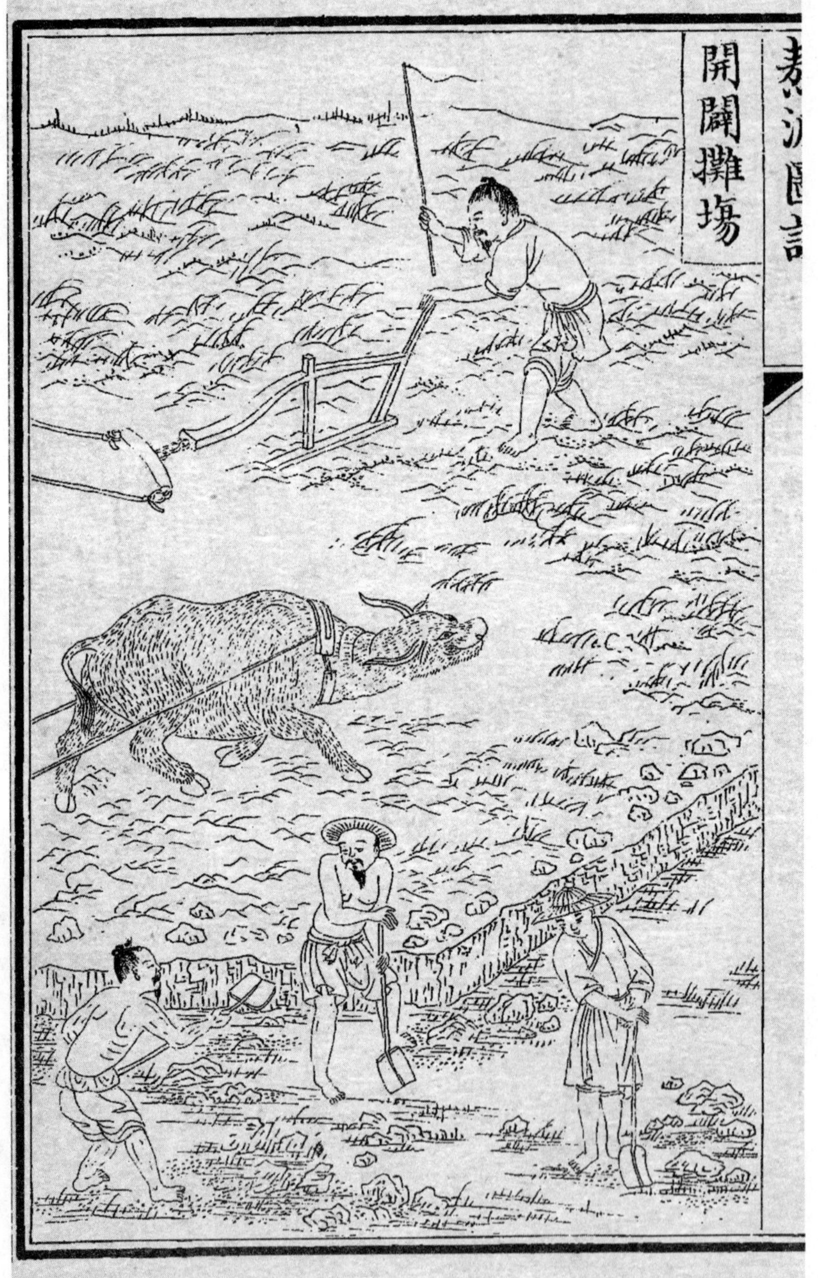
開闢攤場

二十八

熬波圖說

開闢攤場　辦鹽各隨風土浙東削土浙西下砂等場止是晒灰取滷攤場最爲急務擇傍海附團鹻地先行雇募人夫牛犂翻耕數次四圍開挑畜水圍溝每淋須廣二十四步長八十步分作三片或四片但此等法度甚爲艱辛故逐一圖之於後

鹽事有先後首當開攤場深犂闢兩岸塹壅四傍細草不留根鹹波無清光但恐人力疲牛疲亦何傷

車水耕平 原圖闕

熬波圖說
三十

熬波圖詠

車水耕平　初闢灰塲自數次翻耕之後雇募人夫水車牛力扵上耕墾將高就低丁工亦各用鐵搭鋤匀務要平正車海内鹹潮灌浸如此數次令鹹味入骨水乾然後敲泥拾草

塲面有凸凹水力均浸灌車聲接海聲鵶尾喞欲斷將來晒灰時恐有不平患但願天公平無水亦無旱

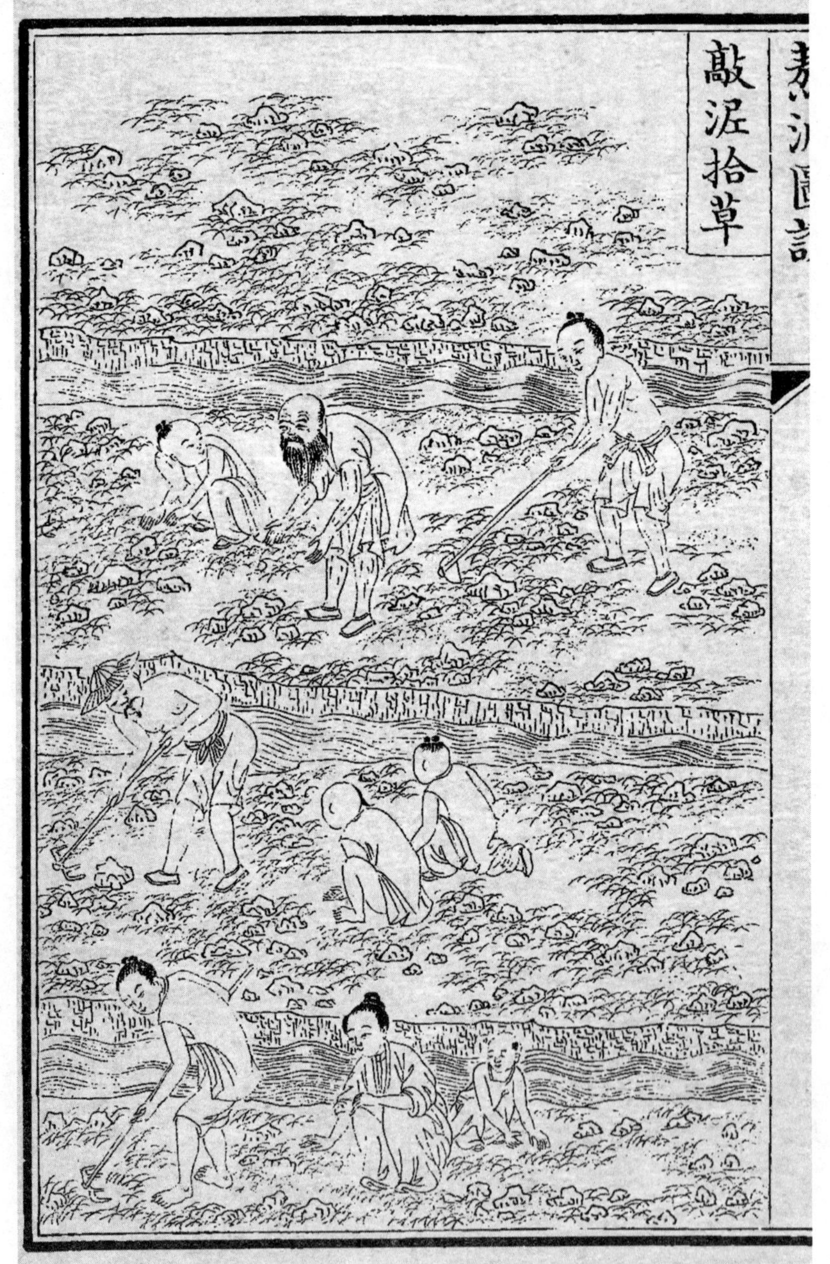
敲泥拾草

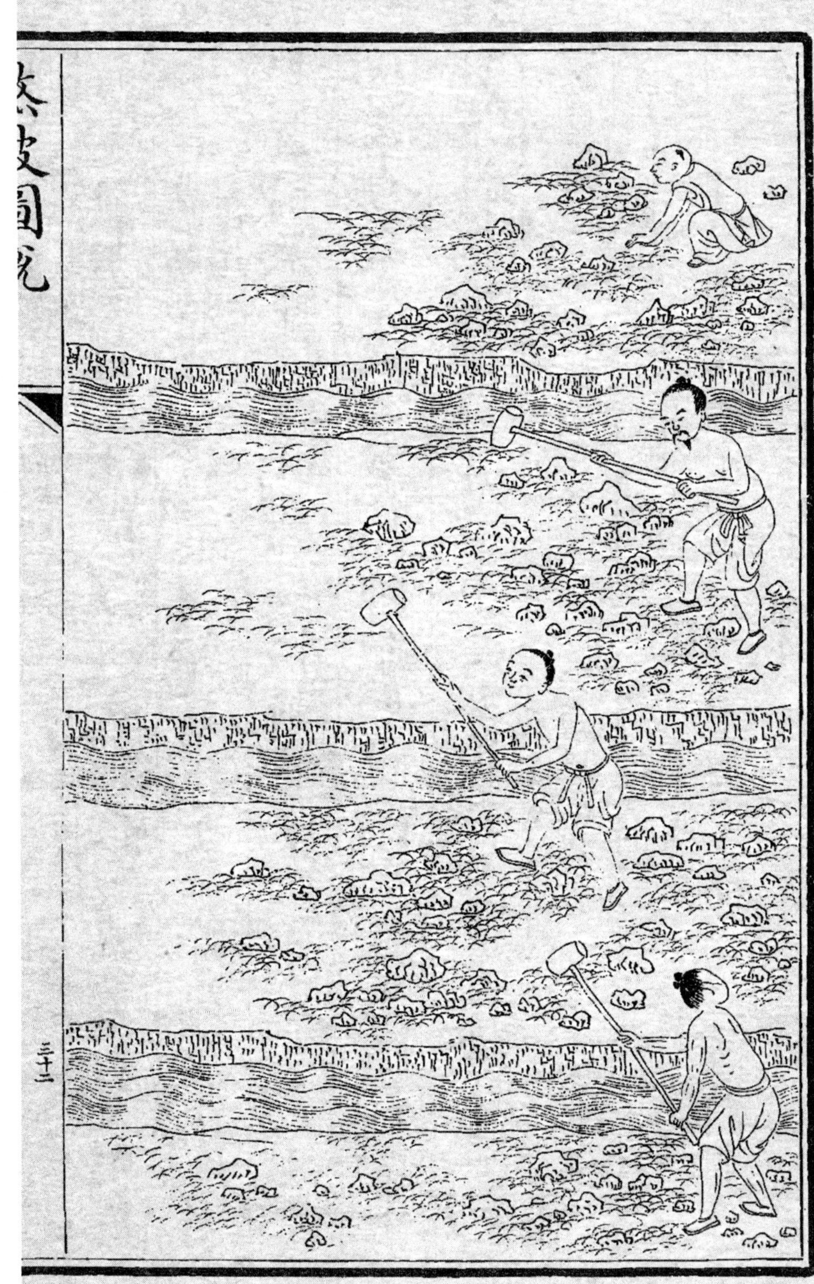
三十二

敲泥拾草　車水灌浸之後候乾雇募人夫須用鐵鋤將草根起拾去雜草根荄乾淨如有土塊仍用木槌一一敲碎如粉漸葺平正

拾草草葉空敲泥泥粉碎踓如鏡面平猶恐蟻穴壞十指盡皸瘃那復問肩背拋却犂與鋤平地且拾芥

熬波圖說

三十三

海潮浸灌

熬波圖說
二十四

熬波圖詠

海潮浸灌　敲泥拾草之後漸已平淨又須於攤場四畔添做圍岸車戽海潮潮滿渰浸須伺日久地土吊鹹水乾則扒削開渠取平

浙東把土刮浙西將灰淋開得攤場成車引海潮浸土
潤鹹花生地瘠鹹波滲煎鹽工力繁惟此艱難甚

熬波圖說

三十五

削土取平

三十六

削土取平　潮浸既久又須日晒土乾工丁不問老幼各用扒鈷鋤頭剗去細草分為片段以一淋為率或三片四片於中及四圍通開淺淺小渠引水而已却就港邊做潢頭每日棹水自港頭放入小渠分流四圍以供早晚澆潑其場地宛如鏡面光淨四下坦平方可攤灰晒之如有凹凸遇雨則凹處遲乾潑水則凸處不積

潮泥不厭搗細草不厭剗四方貴勻淨一孔防漏綻牛

間卧𥗌碡鹿過絶町畽不日即興煎鹽事不可緩

棹水潑水

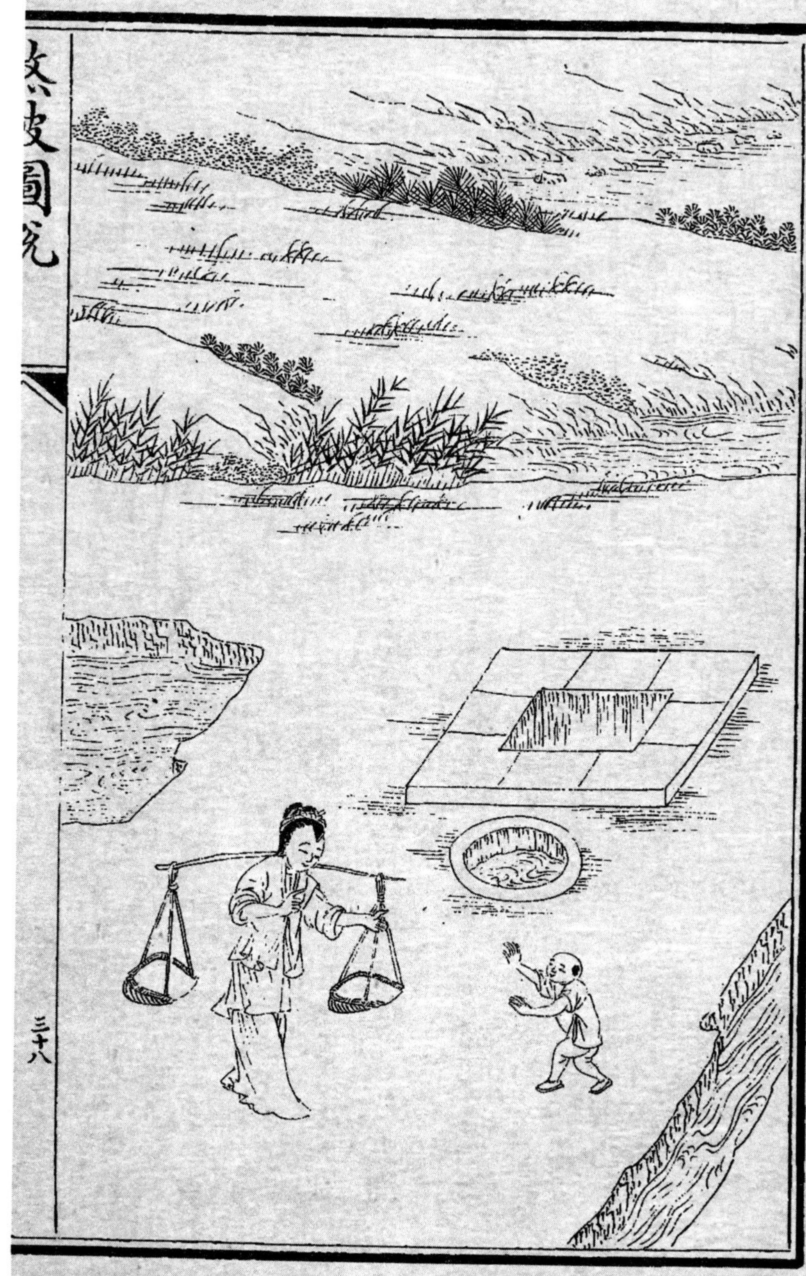
三十八

椗水潑水　攤場四圍淺開通水小渠竈揷不分男女每日午後收灰入淋之後場地已空晚下用繩索劄縛了水桶名曰椗桶兩人將椗桶相對於港邊椗水上岸自潰頭内流入灰場四圍渠内隨以杴蒲潑水灌濕攤場浥露一夜次日絶早攤灰

灰場欲潤不欲乾長繩肩海海水翻分溝通流護場面平鋪灰了攤復攤就場椗水仍潑水却恐風來一掃間健婦肩灰何火急不顧饑兒扳擔泣

熬波圖說

三十九

擔灰攤晒

熬波圖說

擔灰攤晒　灰乃墶內淋過滷水殘灰及柈內半滅不過帶性生灰每墶日添生灰兩擔收擔入淋之時一擔鋪底一擔盖面竈丁每日侵晨看天色晴霽逐擔挑開於攤塲上用潤木杴一名杴蒲逐一杴開攤遍男子婦人若老若幼夏日苦熱赤日行天則汗血淋漓嚴冬朔風則履霜躡氷手足皴裂悉登塲竈無敢閑惰

海天無風雲色開相呼上塲早晒灰滿塲大堆仍小堆

前擔未了後擔催少婦勤作亦可哀草間冬日眠嬰孩
正苦飢腹鳴如雷轉頭鹽婦從西來

篠灰取勻

熬波圖說
四十二

篠灰取匀　篠竿以竹為之大竹以竿為柄長六尺上縛小竹三根或兩根凡晒灰先用濶木杴攤之後各用篠竿分頭於所攤灰處篠開均匀不致厚薄易於結鹹若篠不匀則厚薄不能成鹹

築場纔罷隨上灰灰如細塵地如席更持長篠輕拂拂

灰中莫有塊與核一片灰場幾經手壯者尫羸肥者瘠

飛揚最怕海邊風不怕天邊日頭赤

熬波圖說

熬波圖卷下

元 陳椿 撰

輜車運柴圖第三十五

鐵盤模樣圖第三十六

鑄造鐵柈圖第三十七

砌柱承柈圖第三十八

排湊盤面圖第四十

煉打草灰圖第四十一

裝泥柈縫圖第四十二

上滷煎鹽圖第四十三

熬波圖

篩水晒灰

篩水晒灰　攤灰篠勻之後遇有風起必致吹刮

竈丁用長柄浣料舀水於上風颺水篩潑周遍令

灰沾地庶免風吹失散

風日太燥灰欲飛灰底太濕生地衣老丁調停視乾濕

或晒或洒隨其宜長撩取水信手撥灰不至死長含濕

水勻不燥亦不濕明朝滷成鹹到骨

熬波圖詠
扒掃聚灰

熬波圖說
四

扒掃聚灰　竈丁晒灰纔至午後灰已成鹹丁工老幼男女分布場上用掃帚木扒掃閉推聚成堆夏月一日成鹹冬月二三日方得成功

掃開掃閉兗千帚推去扒來穿兩肘百堆千堆亂人行一嘗再嘗鹹人口千夫上場爭晒灰晒灰亦有高低手爾曹慎勿歎苦辛明日成鹽此其母

擔灰入淋

熬波圖說
六

熬波圖說

擔灰入淋　灰已掃聚成堆纍纍滿塲每淋約三十擔以灰塲闊狹淋墶大小為則各各挑擔入淋先用生灰一擔鋪底却著所晒鹹灰傾入滿了又用生灰一擔蓋面用脚踰踏堅實實則滷易流虚則滷不下却束草一把於上然後以浣料舀鹹水自束草上澆淋使灰不為水衝動用水之多少酌量灰之鹹淡為準

一淋灰半濕再淋灰欲泣三淋四淋灰底透竹筧通池

如雨集閒挼石蓮就滷試三蓮四蓮直沉入丁夫閒少
辛苦多却恐無灰可相接

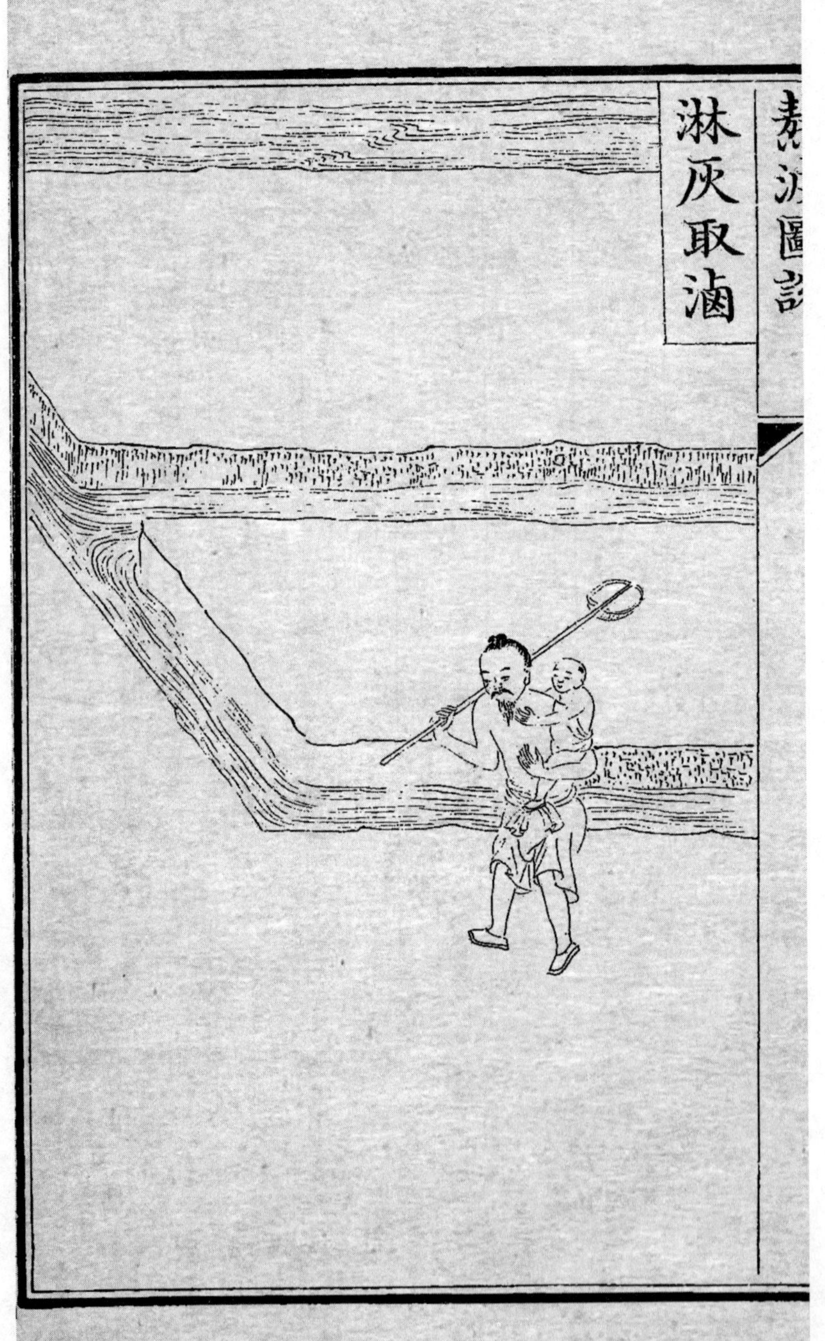
淋灰取滷

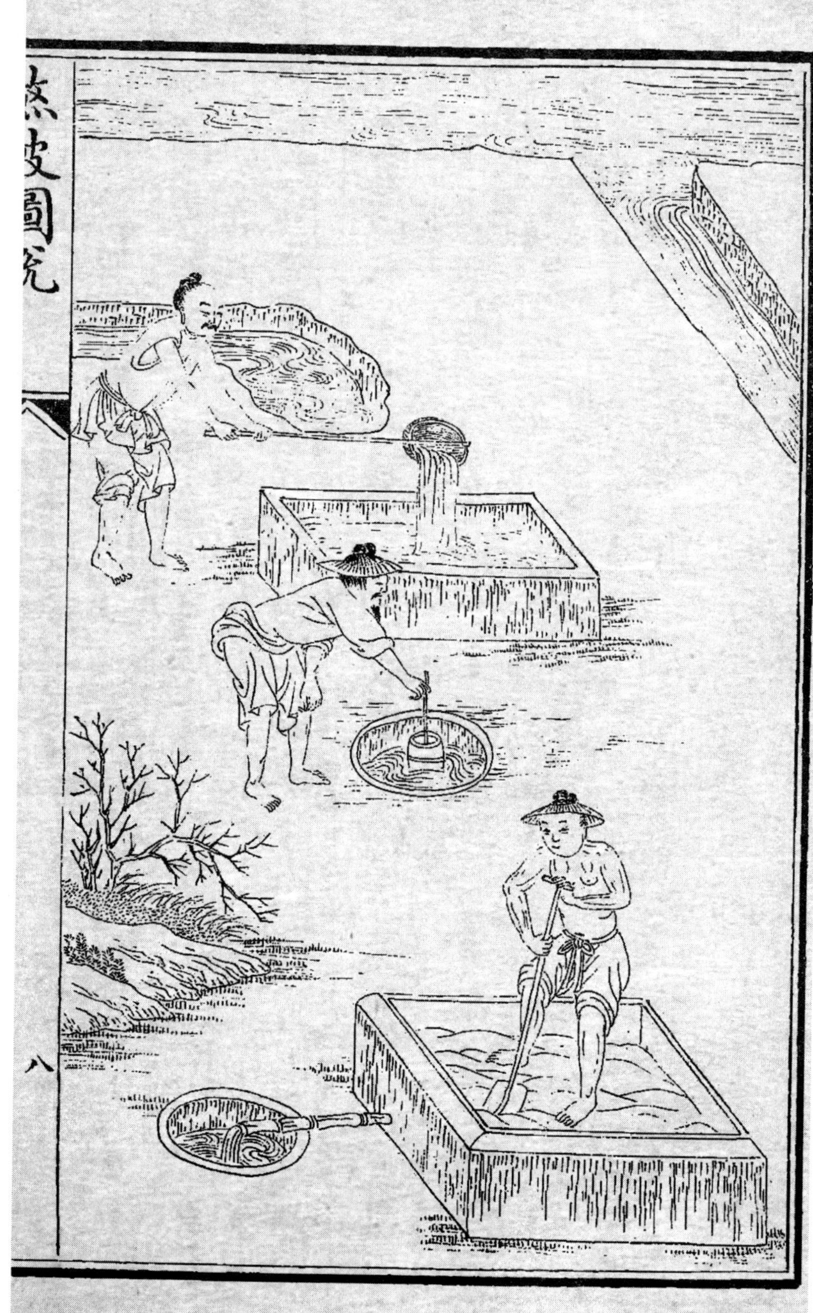

淋灰取滷　所收鹹灰入淋澆水足則下滷流入淋邊井内要知滷之鹹淡必用蓮管秤試如四蓮俱起其滷為上淋過淡灰次日再晒　管蓮之法採石蓮先於淤泥内浸過用四等滷分浸四處最鹹鹵滷浸一處第一等　三分滷浸一分水浸一處第二等　一半水一半滷浸一處第三等　一分滷浸二分水浸一處第四等　後用一竹管盛此四等所浸蓮子四放於竹管内上用竹絲隔定竹管口不令蓮子漾

出以蓮管汲滷試之視四管蓮子之浮沉以别滷鹹淡之等

扻灰上擔去復還傾灰滿淋高如山小池畜水待澆潑外面雖濕中央乾灰如命脉滷如血血與命脉相流連便須載滷入團去官司明日催裝袢

滷船鹽船

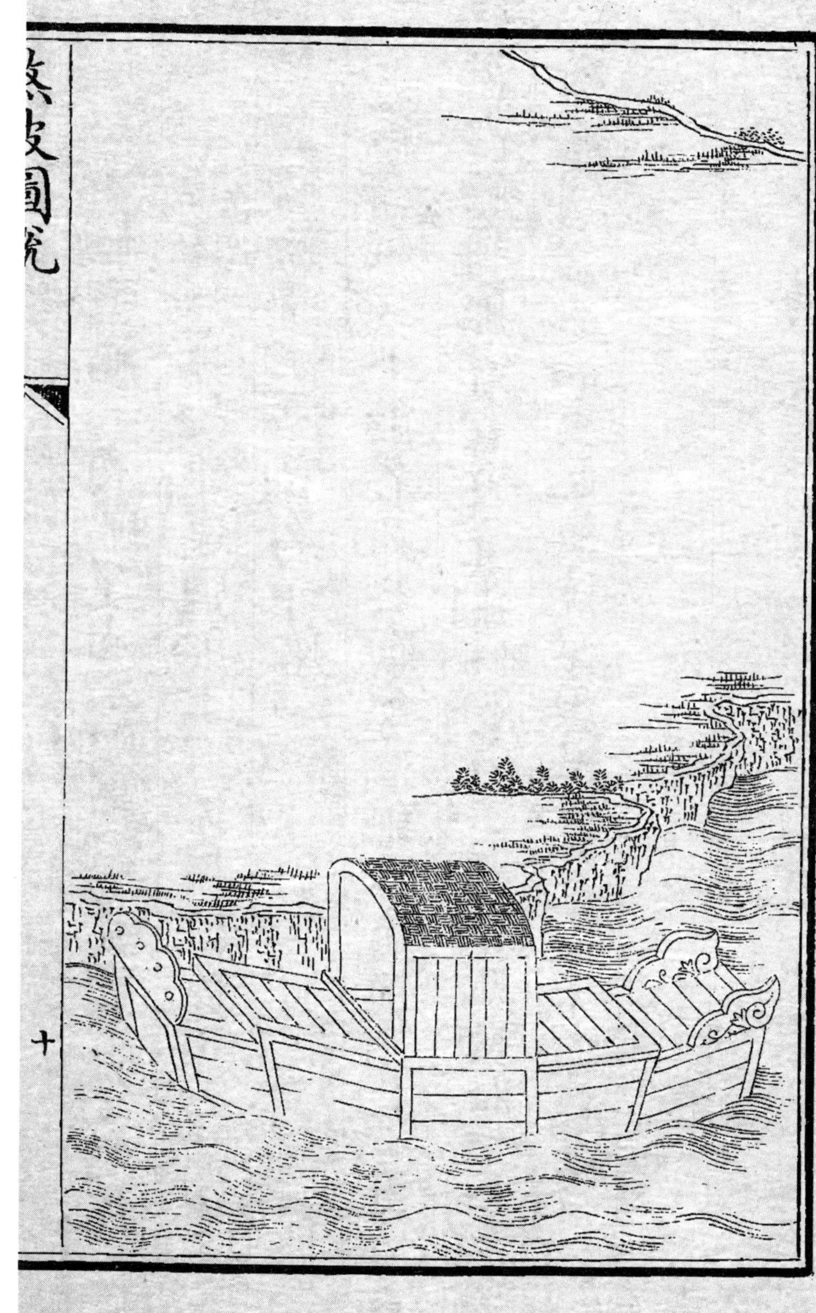
熬波圖說
十

熬波圖詠

滷船鹽船　滷船運滷入團鹽船載鹽上倉滷船其身淺易於牽運鹽船上有推槽橄板鎖封關防

船艕（艕同榜並船也）官為印烙

大船（船音貂吳船也）小船名雖共鹽船滷船各適用滷船淺淺搆作艙鹽船實實裝其𦨴（𦨴音洞博雅舟名）灰滷附團便且輕鹽鹺到倉遠而重也無橈槳與風帆篾纜牛牽運防送

熬波圖說

十一

打滷入船

熬波圖説
十二

熬波圖說

打滷入船　撁運滷船至灰場邊河內泊住工丁用浣料將井內淋到滷水用竹管引流放入船用牛牽運至團

大池小池無著處相呼上滷入團去舡船滿載百餘石
艚船塞港百餘隻看船人丁暫得閒牽牛從此無餘力
最喜長年老怕事滿船不敢偷涓滴

擔載運鹽

波圖說
十四

擔載運鹽　攤場有遠有近有高有低不通船隻則桶擔挑負河港便當則用牛船搬載

擔夫負擔頳兩肩兩牛拽船行且鞭人力不甘牛有力
岸傍水底爭相先牛肥且健不惜力擔夫惟愁桶底穿
日西比及到團前牛却長嘆人無言

熬波圖說　十五

打滷入團

熬波圖說
十六

打滷入團　牛船載滷至團邊港内泊住丁工將綰料就船畚起滷水傾於墻脚下元置竹管内引放入團中從各枝分小渠内流入各池中停頓

團前運滷船銜尾上滷分溝入團裏長筧短筧斷復連行地滔滔如注水今年天道好晒灰那更淋灰清徹底試來入口十分鹹守煎歡賞管煎喜

熬波圖說　十七

樵斫柴薪

十八

熬波圖詠

樵斫柴薪　辦鹽柴為本向者額輕蕩多今則額重蕩少為因鹽額愈增而蕩如舊故也春首柴苗方出漸次長茂雇人看守不得人牛踐踏謂之看青及過五月小暑梅雨後方可樵斫間有闕柴之家未待四月柴方長尺許已斫之矣雇募人夫入蕩砍斫人夫手將鐵鐄（鐄音横廣韻鐮也）脚著木履為蕩内柴根刺足難於行立也上則月分滷鹹每鹽一引用柴百束下則時月滷淡用柴倍其數至如四

五月之柴則買大小麥桿柴接濟煎燒浙西爲有

官蕩每引工本比浙東減五兩

黄茆白葦地一望百餘里長鑚瑩如雪動手即披靡縦

横卧荒野海風吹不起雖有營與蒯亦毋棄憔悴

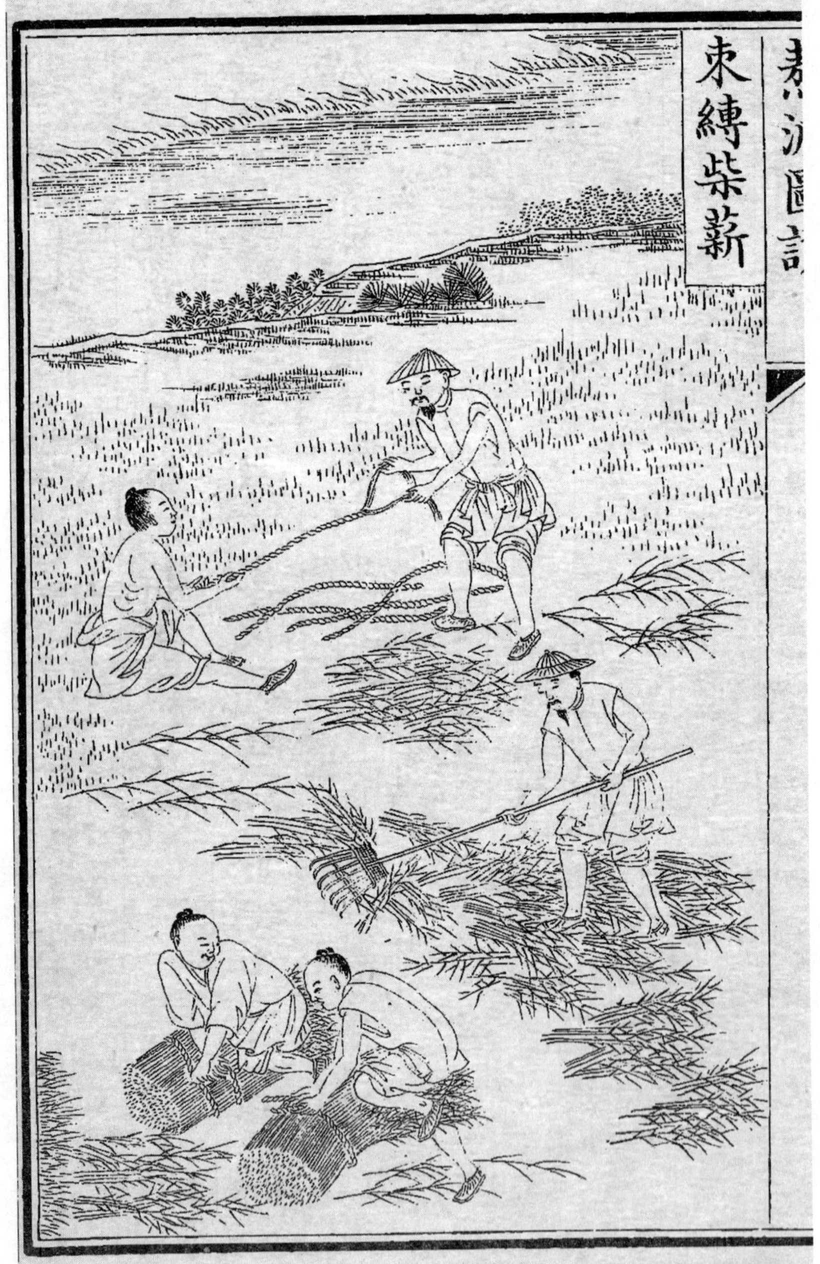

束縛柴薪

二十

熬波圖説

束縛柴薪　雇募夫丁砍斫柴薪用草义翻晒三兩日候乾用木柧柧與觚同說文徐鍇曰三棱為柧兜聚方用茅撚束縛成箇每箇六尺圍圓逐箇搬擔堆沓在蕩别雇人夫牛車搬運遇雨則柴腐爛不敷火力用茅撚以軟細茅柴攪為單股繩索長七尺餘

平明加束縛委地何紛紛一畝當幾束一束當幾斤一際萬餘束際際俗呼一堆為一際連青雲餘草任狼籍待與樵者分

熬波圖詠
砍斫柴生

砍斫柴生　亡宋年間官撥草蕩此時鹽數少近年累蒙官司增添鹽額別無添撥草蕩以是每歲煎鹽不敷才至起火便行闕柴三四月間柴苗方長尺許已是開蕩樵斫至八九月內已無接濟不免多募人丁工具將蕩内茅根生生字字書韻書俱不載未詳柴再行刮削砍斫用茅撚三務縛束名曰横包柴搬擔堆垛陸續搬運入團

黄茅斫盡鹽未足官司熬熬催火伏有錢可買鄰場柴

無錢之家守鹽哭茅根得雨便未衰昨日猶短今日齊
亂包急束少作堆三寸五寸尋柴生

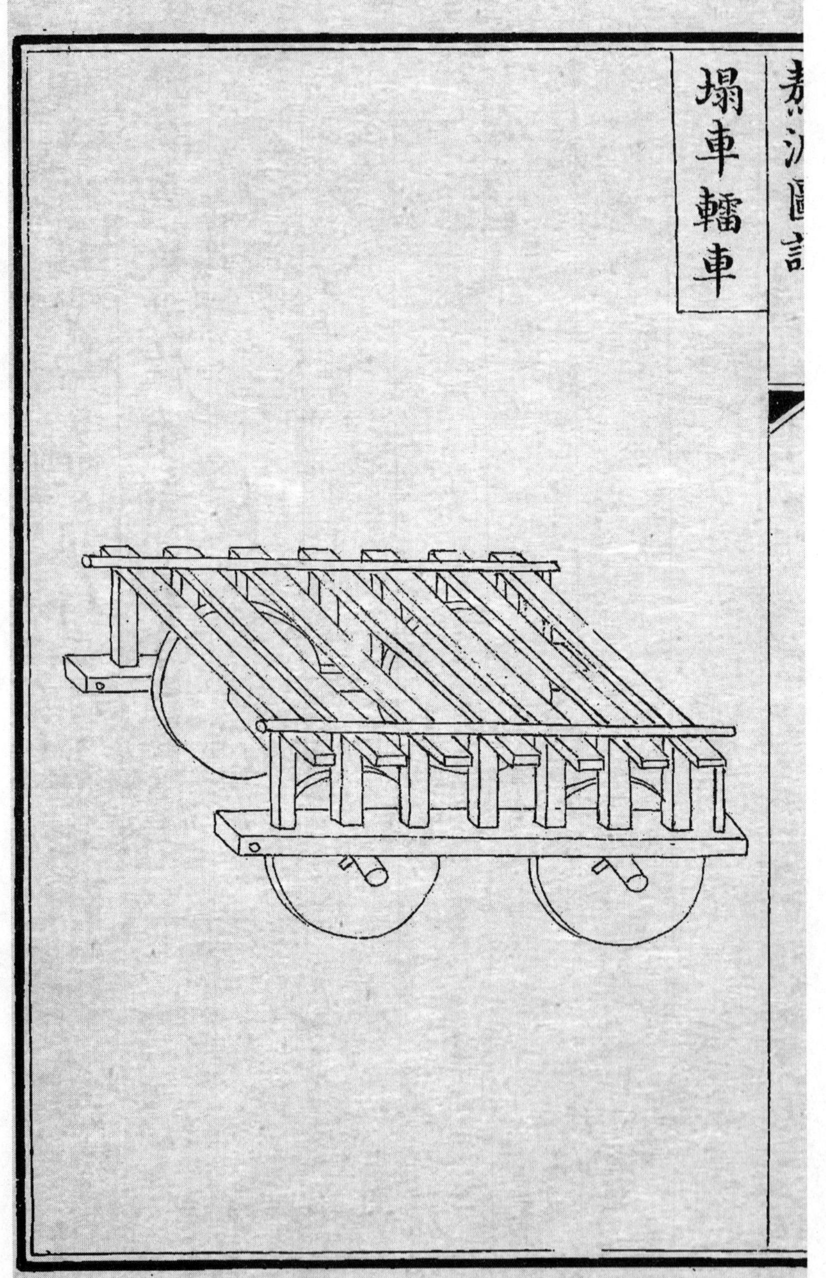
塌車輜車

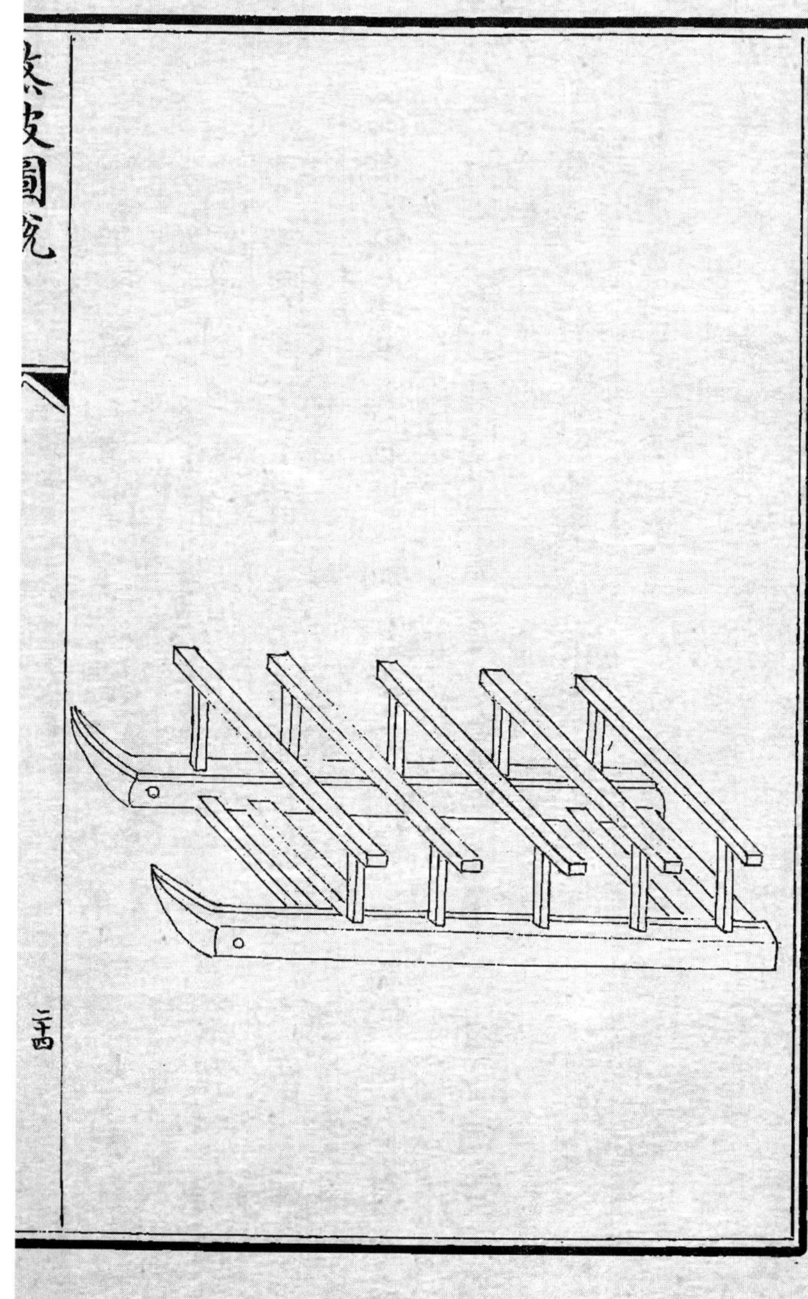
熬波圖說

熱河圖說

塌車轠車　運柴必用轠轠字字書韻書俱不載未詳車塌車二車大小各隨其製皆用樟榆等硬木做造方可耐久管車輪軸頭處每輛用生鐵鑄成鐵管四箇穿套在車機内籠軸其中庶耐轉軸名曰圜穿有力之家則造轠車無力之家用塌車盖轠車用費牛力倍於塌車數倍故也

千牛竅攢蹄車聲雷長堤擔夫欲爭道長驅與之齊來草如山高牧子猶嫌低陸地行尚可可憐行深泥

人車運柴

二十六

人車運柴　各柈為日責火伏鹽所拘柴薪搬運不迭若無積柴則陰雨闕為燒用縱有團外柴薪卒急不得入團團内若還多積各柈舉皆起火地段窄狹恐引延燎之患自早至暮夜以繼日丁工車輛交馳運趕柈尚慮不敷自非廣募丁工安能成效

塌車無兩輪陸地行如飛肩拖與背負右挽仍左推家家牛正忙不念人力疲運柴恐不迭一日知幾回

熬波圖說
二十七

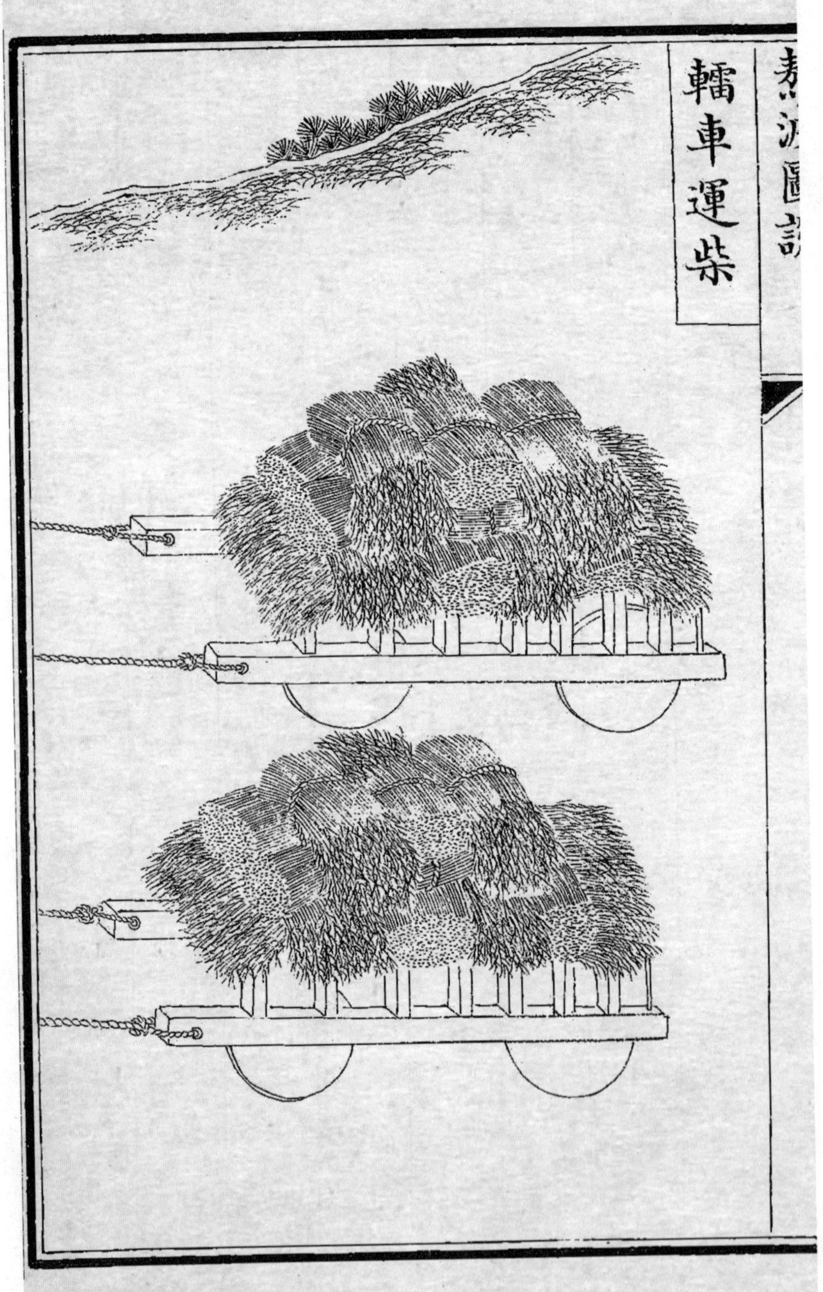

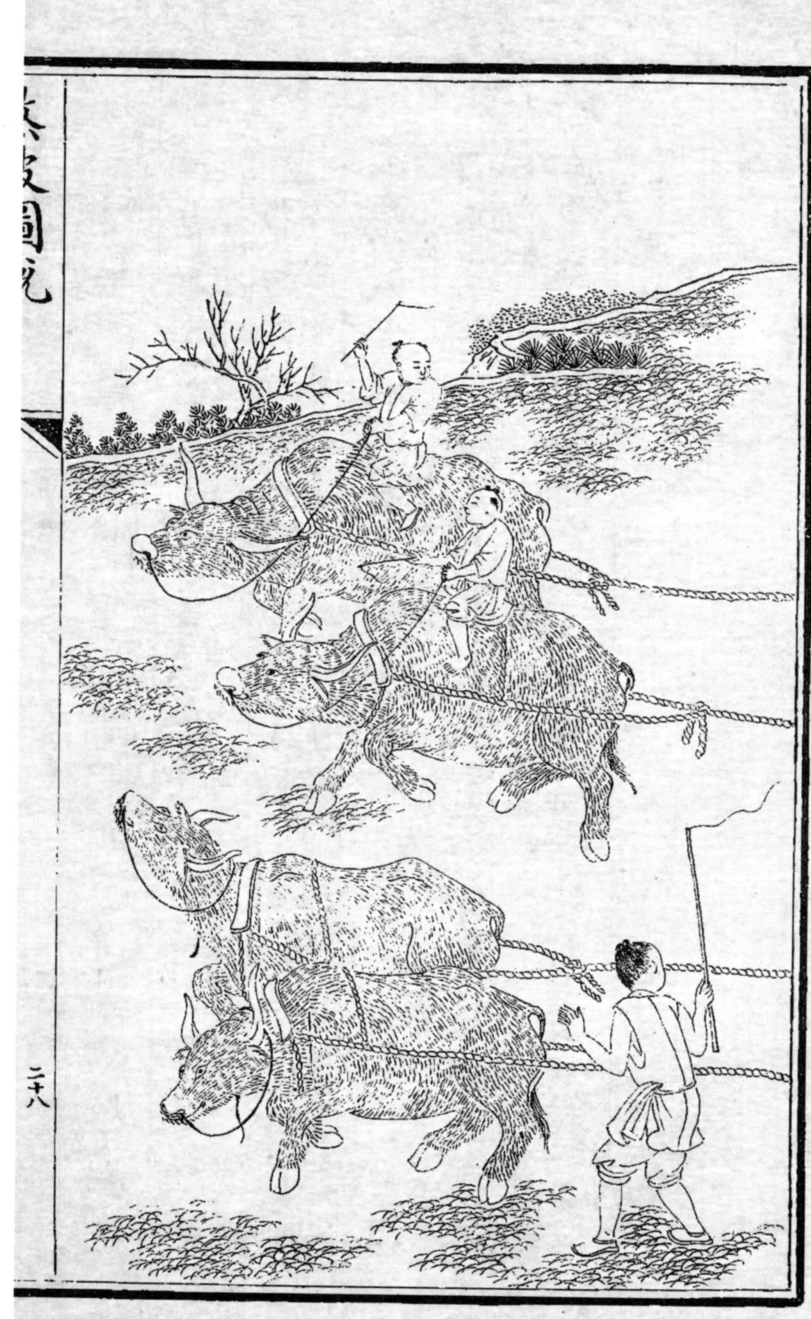
二十八

熬波圖詠

轓車運柴　附團塗蕩值雨則遠近浸濘或深蕩隔涉溝港塌車人擔難於搬夯夯呼講切近壑土聲人用力以堅舉物也一曰北音讀如杭轓車輪軸團轉易於牽運每輛可運柴五十束塌車止載十五束

平明驅犎牛駕以大小車車上何所有束束黃茅柴行行亦良苦牧豎不停撾空車晚歸去牛背載寒鴉

熬波圖說

二十九

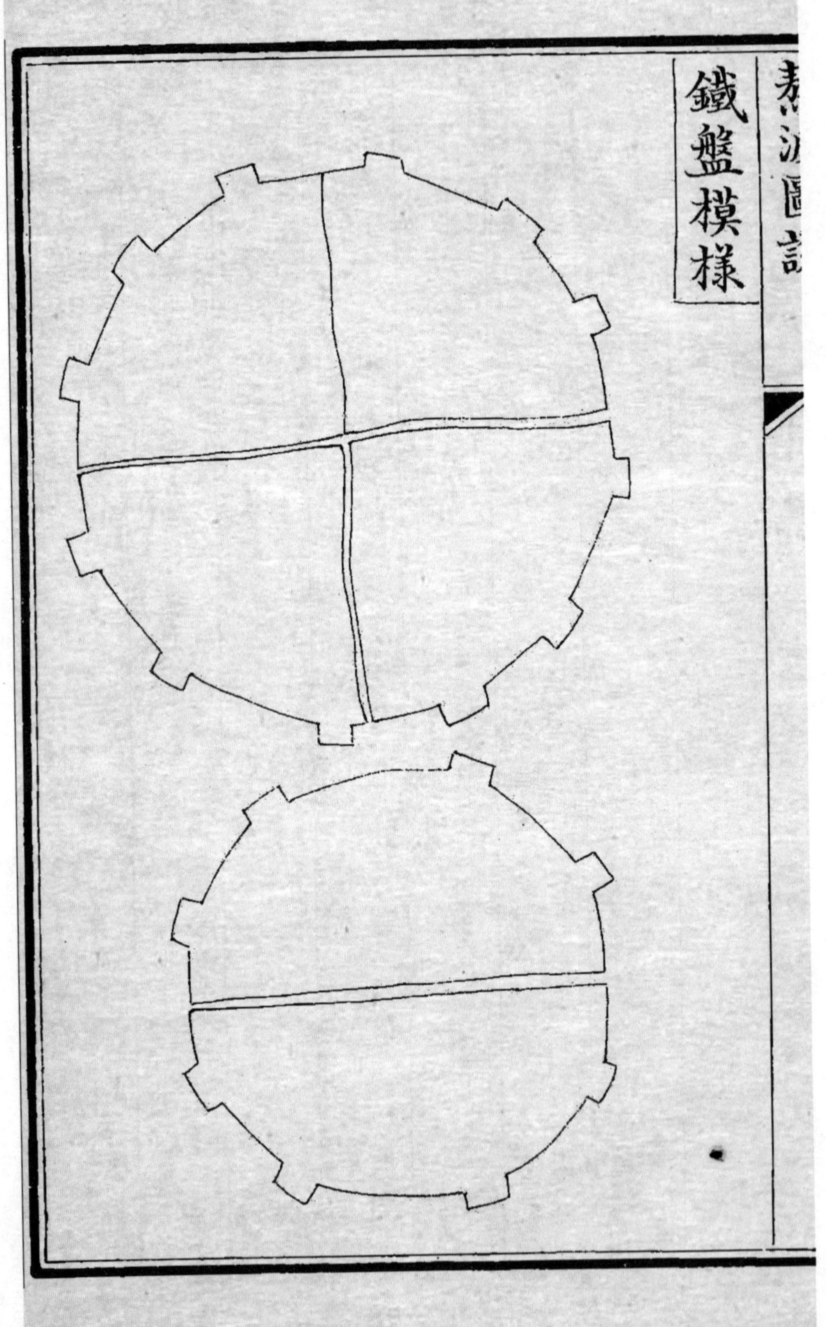
鐵盤模樣

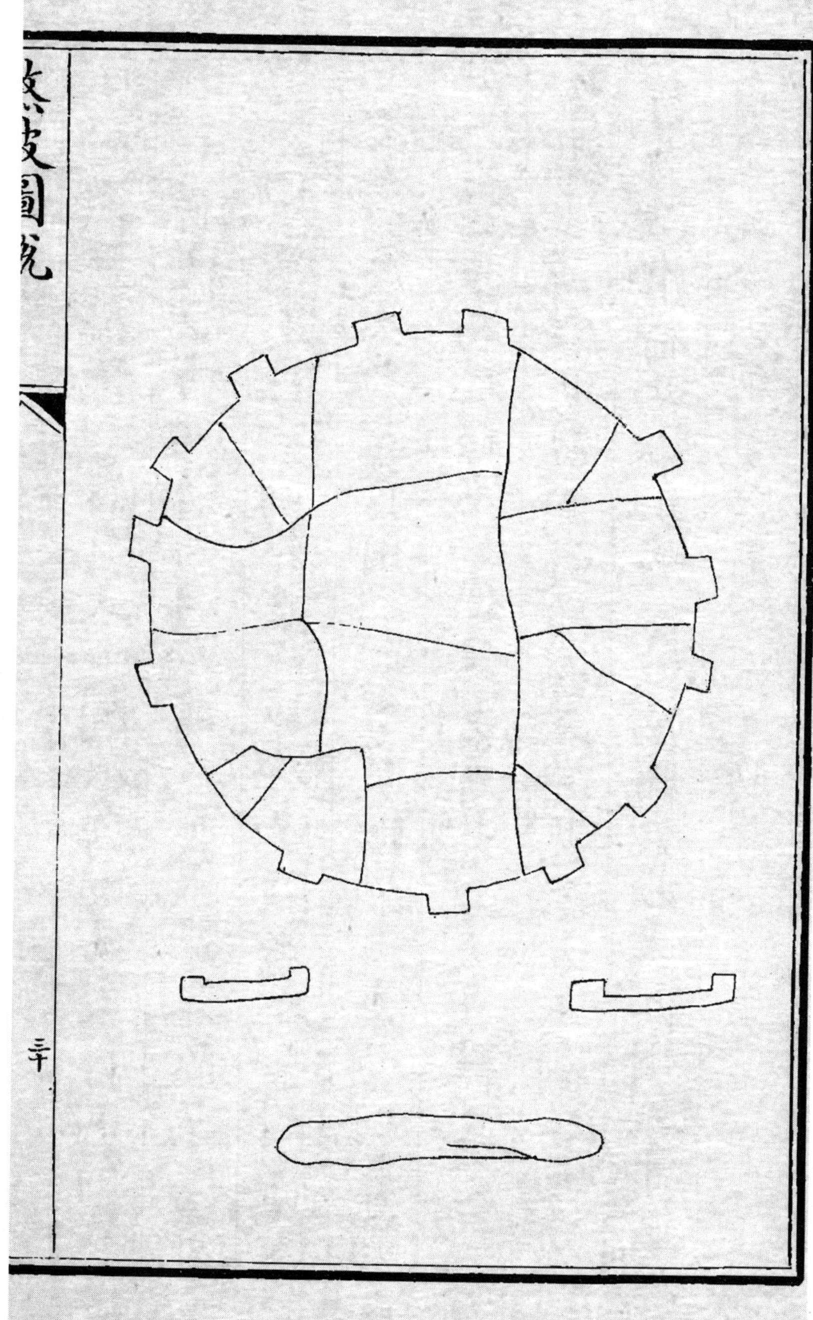

鐵盤模樣　盤有大小闊狹薄則易裂厚則耐久

浙東以竹編浙西以鐵鑄或篾或鐵各隨其宜柈

大塊數則多小者盤縫却省邊際龜脚蒜闍柈墻

以篾爲者止可用三二日焚燬繼成棄物則應酬

官事而已終不如鐵鑄者可熬烈火烹鍊也

方盤雖薄容易裂圓鏇雖深又難熱不方不圓合而分

樣自兩淮行兩浙洪爐一鼓焰掀天收盡九州無寸鐵

明朝火冷合而觀疑是沉江九肋鼈

鑄造鐵杵

熬波圖說
三十二

鑄造鐵柈　鎔鑄柈各隨所鑄大小用工鑄造以舊破鍋鑊鐵為上先築鑪用瓶砂白礶炭屑小麥穗和泥實築為爐其鐵柈沉重難秤斤兩只以秤鐵入爐為則每鐵一斤用炭一斤總計其數鼓鞴煽鎔成汁候鐵鎔盡為度用柳木棒鑽爐臍為一小竅煉熟泥為溜放汁入柈模內逐一塊依所欲模樣瀉鑄如要汁止用小麥穗和泥一塊於杖頭上抹塞之即止柈一面亦用生鐵一二萬斤合用

鑄冶工食所費不多

大柈大小十餘片中盤四片小盤二誰將紅爐生鐵汁瀉入模中隨巨細神槌擊後皆有用良冶收功在零碎閒看爐鞴棄荒郊當時鬧熱今如水

砌柱承柈

波圖
三十四

砌柱承柈　裝柈之時每一柈先用大磚一千餘片向竈肚中間砌磚柱二行昔者鐵鑄為柱竈口前後各砌二磚柱為門柈外周圍用土墼疊為墻壁從地高二尺餘堅固築打閣柈於上三五日一次別換砌裝

灰泥鍊得如蒸土巨磚為馳石為虎四垠打就圍火城
中間屹立承柈柱此時築打不加工他日難禁大火聚
滿盤白雪積如山不比金莖但承露

排湊盤面

三十六

排湊盤面　盤有大小不等或如木梳片或三角或四方或長條或小碎工丁數十人用扛索杪木奮力舉鐵塊排湊成盤周圍閣所築土墻土其中各磚柱上或有短小鐵塊閣不及磚柱者先用鐵打成塊劈模樣名曰栟駝以曲頭搭兩旁大鐵塊上以凹身閣小片湊補成圓堵斂堵字疑𢭏字之訛斂廣韻私盍切音傔斂起也平正

形模本渾淪何乃散而聚世無烏獲力萬鈞未易舉片

段合湊成治工費鎔錮雖曰小鐵駝能補空闕處

煉打草灰

二十八

熬波圖詠

煉打草灰　如遇裝柈先用茆柴絞成大索却寸寸剁碎和生灰畧入少滷潤灰不令飛動却教竈丁遶圍羣坐各將木棒於草灰上不住手鞭打三二日臨用時再和石灰三斛加以鹹滷打和稠黏以塗柈縫

草灰將何用鞭打不停手明朝裝柈時泥箯護柈口壯夫打鞭千百折煉得白灰成黑雪誰知只是爐與篾泥向盤邊堅似鐵

熬波圖說
三十九

裝泥拌縫

熬波圖說
四十

裝泥拌縫　鐵拌既湊完備縫濶者四五寸狹者一二寸先束小柴把塞滿縫內以小竹扦穿定次上滷和所打熟灰逐縫塗滿周遭乃用蘆篾高五六寸圍轉亦用灰裹塗其內以大牛骨箆砑掠光實略以十餘束柴焚火使灰畧堅却拔去竹扦又用骨箆蘸滷再砑竹川孔無縫頻以草帚蘸滷刷縫使骨箆頻砑一面燒火候縫稍堅即上滷矣必三五日再裝一次

三長四短鑄盤片五合六聚湊盤面老丁自有生鋅藥
灰日千春泥百煉深深抹縫工補挿五六烏金小駝健
補虛架滿茍目前安得天地爲爐陰陽炭

上滷煎鹽

熬波圖說
四十二

熬波圖詠

上滷煎鹽　柈面裝泥已完滷丁輪定柈次上滷用上管竹相接於池邊缸頭內將浣料舀滷自竹管內流放上柈滷池稍遠者愈添竹管引之柈縫設或滲漏用牛糞和石灰掩捺即止

竹筩瀉滷初上盤今日起火齊著團日煎月煉不得閒
卻愁火急柈易乾炎炎火窖去地三尺許海波頃刻熬
出素烹煎不顧寒與暑半是竈丁流汗雨

撈灑撩鹽

熬波圖說
四十四

撈灑撩鹽　煎鹽旺月滷多味鹹則易成就先安四方矮木架一二箇（名撩床）廣五六尺上鋪竹篾看柈上滷滾後將掃帚於滾柈內頻掃木扒推閑用鐵剗撈漉欲成未結糊塗濕鹽逐一剗挑起撩床竹篾之上瀝去滷水乃成乾鹽又攙生滷頻撈鹽頻添滷如此則晝夜出鹽不息比同逐一柈燒乾出鹽倍省工力若滷太鹹則洒水澆否則柈上生蘖如飯鍋中生煿焦通寸許厚須用大鐵槌（一名柈槌）

逐星敲打剗去了否則為蘗所隔非但滷難成鹽

又且火緊致損盤鐵

火伏上則鹽易結日烈風高勝他月欲成未成乾又濕

撩上撩床便成雪盤中滷乾時時添要使柈中常不絶

人面如灰汗如血終朝徹夜不得歇

乾拌起鹽

四十六

乾柈起鹽　下中則月滷水淡薄結鹽稍遲難施撩鹽之法直須待柈上滷乾已結成鹽用鐵剗起其柈厚重卒未可冷丁工著木履於熱柈上行走以掃帚聚而收之

大柈未冷火初歇輕輕剗柈休剗鐵有如昨夜未完月妖蟆食破圓還闕又如水晶三角片又如蒸餅十字裂正愁天上多苦霧却喜海濱有鹹雪

熬波圖說

四十七

熬波圖説
出扒生灰

四十八

出扒生灰　攤灰所晒鹹灰須日增添生灰刺和為母當燒火時扒扒集韻布拔切音八史記掊視得鼎索隱曰掊扒也出柈肚生灰半滅未過者以水澆潑存性工丁不分男婦逐擔挑出攤塲頭堆積以多為貴準備每日消用

死灰不復燃生灰猶未死昨朝火窖中今日冷如水莫嫌灰擔重積灰那忍棄晒乾再下淋又作還魂鬼

日收散鹽

波圖説
五十

日收散鹽　竈丁接柈煎鹽輪當柈次周而復始且如一户煎鹽了畢主户則斛收見數入團内倉房收頓依驗多寡俵付工本口粮以勵勤惰

一日煎幾何一日收幾多但憂辦不上不獨遭譏訶日課有工程官事無蹉跎月月無虚申不敢違司鹺

熬波圖說

五十

起運散鹽

五十二

起運散鹽　各團日煎散鹽數多柈竈內及倉廒盈滿必隨時起運赴總倉以備支裝每日丁工擔挑下船各家用印關防官設軍人輪流沿途防送到倉交收

散鹽如積雪地上數百堆關防少不密團門或夜開多備牛與船加以人力推總倉有統攝不招還自來